# BEI GRIN MACHT SICH IHR
# WISSEN BEZAHLT

- Wir veröffentlichen Ihre Hausarbeit,
  Bachelor- und Masterarbeit

- Ihr eigenes eBook und Buch -
  weltweit in allen wichtigen Shops

- Verdienen Sie an jedem Verkauf

## Jetzt bei www.GRIN.com hochladen
## und kostenlos publizieren

# Berechnung von Wahrscheinlichkeiten zum Auftreten von Runs mittels Markov-Ketten

Acelya Durak

**Bibliografische Information der Deutschen Nationalbibliothek:**

Die Deutsche Nationalbibliothek verzeichnet diese Publikation in der
Deutschen Nationalbibliografie; detaillierte bibliografische Daten sind
im Internet über http://dnb.d-nb.de abrufbar.

ISBN: 9783346777553
Dieses Buch ist auch als E-Book erhältlich.

Das Buch bei GRIN: https://www.grin.com/document/1306477

Stiftung Universität Hildesheim

Institut für Mathematik und Angewandte Informatik

# Berechnung von Wahrscheinlichkeiten zum Auftreten von Runs mittels Markov-Ketten

## Bachelorarbeit

Verfasserin: Acelya Durak

Studiengang: Polyvalenter Zwei-Fächer-Bachelor mit Lehramtsoption Realschule

Abgabetermin: 19.06.2022

# Danksagung

An dieser Stelle möchte ich mich bei all denjenigen bedanken, die mich während der Anfertigung dieser Bachelorarbeit unterstützt und motiviert haben.

Zuerst gebührt mein Dank David Jobst, der meine Bachelorarbeit betreut hat. Für die hilfreichen Anregungen und die konstruktive Kritik bei der Erstellung dieser Arbeit möchte ich mich herzlich bedanken.

Außerdem möchte ich mich bei meinen Eltern bedanken, die mir mein Studium durch ihre Unterstützung ermöglicht haben und stets ein offenes Ohr für mich hatten.

# Zusammenfassung

Die vorliegende Bachelorarbeit beschäftigt sich mit der Berechnung der Run Wahrschein-lichkeit mittels Markov-Ketten.

Zu Beginn der Arbeit erfolgt ein Einblick in die notwendigen Grundlagen der Stochastik, damit sich der Leser oder die Leserin ein Basiswissen für den folgenden Inhalt aneignen kann.

Anschließend wird der Run definiert und die Problemstellung erläutert. Des Weiteren wer-den die Grundlagen an verschiedenen Beispielen für die Berechnung der Run Wahrschein-lichkeit genutzt und erweitert. Hierbei werden verschiedene Lösungsmethoden untersucht und dargestellt. In diesem Zusammenhang wird eine Verallgemeinerung des Problems ermöglicht.

Abschließend erfolgt eine inhaltliche Zusammenfassung der Arbeit im Fazit.

# Inhaltsverzeichnis

# 1 Einleitung

Das Jahr 1654 ist als die Geburtsstunde der Wahrscheinlichkeitsrechnung bekannt, denn in diesem Jahr beschäftigten sich Pierre de Fermat gemeinsam mit Blaise Pascal über den Briefverkehr intensiv mit dem Teilungs- und Würfelproblem. Im Laufe der Jahre waren weitere Mathematiker wie Jakob Bernoulli und Pierre Simon Marquis de Laplace an der Entwicklung der Wahrscheinlichkeitsrechnung involviert. Allerdings bekam der Begriff der Wahrscheinlichkeit erst im Jahre 1933 durch den Mathematiker Andrej Nikolajewitsch Kolmogorov eine angemessene Definition [BüchterHenn06, S.8f.]. Darüberhinaus ist erwähnenswert, dass A.A. Markoff (1856-1922) der erste Mathematiker war, der sich mit bestimmten Folgen von Versuchen auseinandersetzte. Hierbei untersuchte er vor allem die Versuche, bei denen die Wahrscheinlichkeit für den Eintritt eines bestimmten Ereignisses vom vorherigen Versuch abhängig war [Lehmann73, S.3].

Neben der Historischen Entwicklung ist eine grundlegende Betrachtung von Wahrscheinlichkeiten notwendig, denn jeder Mensch wurde bereits als Kind im Zusammenhang mit Brettspielen unbewusst mit Wahrscheinlichkeiten konfrontiert. Selbstverständlich berechnen Kinder keine Wahrscheinlichkeiten von Folgen eines Würfelwurfs bei einem Brettspiel. Allerdings überlegen sie sich Taktiken, um beispielsweise zweimal in Folge eine sechs zu würfeln. In diesem Zusammenhang beschäftigt sich die vorliegende Arbeit mit der Frage, wie wahrscheinlich es ist, dass ein Spieler mehrmals unmittelbar hintereinander die gleiche Zahl würfelt und somit eine bestimmte Zahlenreihe aufstellt.

Um diese Frage zu beantworten, werden verschiedene Beispiele und Herangehensweisen mithilfe von Markov-Ketten vorgestellt, um anschließend eine Verallgemeinerung darstellen zu können.

Im Folgenden werden einige Grundlagen der Stochastik erklärt. Zunächst wird das stochastische Modell, das Wahrscheinlichkeitsmaß, die Zufallsvariable und die Verteilung im Allgemeinen definiert. Anschließend werden einige Begriffe und Wahrscheinlichkeiten im Bezug auf Markov-Ketten erklärt. Der Hauptteil der Arbeit beschäftigt sich mit der Run Wahrscheinlichkeit. Hier wird der sogenannte Run erst definiert, um danach die Problemstellung und den Lösungsvorschlag von Motzer aus dem Jahre 2010 erklären zu können. Mit der Einführung von verschiedenen Beispielen und Lösungsvorschlägen soll ein Verständnis des Problems sichergestellt werden. Bevor es schließlich zur Verallgemeinerung des Problems kommt, wird die Verteilung der Zufallsgröße rechnerisch dargestellt und verdeutlicht.

# 2 Grundlagen

Zunächst erfolgt eine Übersicht über die notwendigen Grundlagen und Notationen aus der Stochastik, da diese im Laufe der Arbeit als Grundbaustein dienen. Zudem soll der Einblick in die Grundlagen dazu dienen, dass das inhaltliche Verständnis erleichtert wird.

## 2.1 Ein Stochastisches Modell

Ein stochastisches Modell bezeichnet im Allgemeinen eine Zusammenfassung und zugleich eine nichtleere Menge von Zufallsvariablen, die sich im gleichen Wahrscheinlichkeitsraum $(\Omega, T, P)$ befinden, wobei $T$ die $\sigma$-Algebra über der Ergebnismenge $\Omega$ bildet, welche im Folgenden näher beschrieben wird [Heller78, S.117].

## 2.2 Wahrscheinlichkeitsmaß

Wird ein Zufallsexperiment durchgeführt, so wird die Menge aller Ergebnisse mit $\Omega$ bezeichnet und ein bestimmtes Ergebnis als ein Element $\omega \in \Omega$ definiert.

**Definition 2.2.1** *σ-Algebra*
  Sei $T$ eine Menge von Teilmengen aus $\Omega$, so ist $T$ eine *σ-Algebra* über $\Omega$, wenn

- $\Omega \in T$,

- $A \in T \Rightarrow A^C \in T$,

- $A_j \in T \Rightarrow \bigcup_{j=1}^{\infty} A_j \in T$

für $T$ gilt [Arens18, S.1403].

**Beispiel 2.2.2** *σ-Algebra*
Wir werfen einen Würfel mit $\Omega = \{1,2,3,4,5,6\}$. Daraus folgt, dass

$$A = \{\{1,3,5\}, \{2,4,6\}, \{1,2,3,4,5,6\}, \emptyset\}$$

eine *σ-Algebra* über $\Omega$ ist. Hierbei wird ersichtlich, dass sie aus den folgenden 4 Teilmengen besteht

$$A_1 = \{1,3,5\}, \ A_2 = \{2,4,6\}, \ A_3 = \{1,2,3,4,5,6\} \text{ und } A_4 = \emptyset = \Omega.$$

Dass die ersten beiden Bedingungen aus der Definition 2.2.1 der $\sigma$-Algebra erfüllt sind, wird schon auf den ersten Blick deutlich. Offensichtlich ist auch die dritte Bedingung aus obiger Definition erfüllt, da eine Vereinigung von Elementen aus $A$, die nicht bereits in $A$ vorkommen, nicht möglich ist.

**Definition 2.2.3 Axiome von Kolmogorov**
Sei $\Omega$ die Ergebnismenge und $T$ die $\sigma$-Algebra von Teilmengen $A$ aus $\Omega$, so bildet die Abbildung $P : T \to \mathbb{R}$ von der $\sigma$-Algebra $T$ in den Zustandsraum $\mathbb{R}$ erst eine Wahrscheinlichkeit oder ein Wahrscheinlichkeitsmaß, wenn die drei Bedingungen der Axiome von Kolmogorov erfüllt sind, wobei $\mathbb{R}$ die Menge der reellen Zahlen bezeichnet [Arens18, S.1405].

(K1) Für alle $A \in T$ gilt $P(A) \geq 0$.

(K2) $P(\Omega) = 1$.

(K3) Für paarweise disjunkte Mengen $A_j \in T$ gilt

$$P(\bigcup_{j=1}^{\infty} A_j) = \sum_{j=1}^{\infty} P(A_j)$$

($P$ ist eine $\sigma$-additive Mengenfunktion).

**Beispiel 2.2.4 Laplace-Wahrscheinlichkeit**
Unter der Voraussetzung, dass bei einem Zufallsexperiment die Ergebnismenge $\Omega$ endlich, $T$ die $\sigma$-Algebra über $\Omega$ bildet und angenommen werden kann, dass die Elementarereignisse $\{\omega\}$ die gleiche Wahrscheinlichkeit besitzen, wird die Laplace-Wahrscheinlichkeit als geeignetes Wahrscheinlichkeitsmaß gewählt [Arens18, S.1408].

$$P(A) = \frac{|A|}{|\Omega|}$$

**Definition 2.2.5 Bedingte Wahrscheinlichkeit**
Wenn $(\Omega, P)$ ein endlicher Wahrscheinlichkeitsraum mit $A, B \subseteq \Omega$ und $P(A) > 0$ ist. Dann nennt man

$$P(B \mid A) := \frac{P(A \cap B)}{P(A)}$$

die bedingte Wahrscheinlichkeit, wenn B unter der Bedingung A auftritt [BüchterHenn06, S.203].

**Satz 2.2.6 Totale Wahrscheinlichkeit**
*Falls eine höchstens abzählbare Partition von $\Omega = A_1 \cup ... \cup A_n$ vorliegt, so gilt mit $P(A_n) > 0$ für alle $n \in \mathbb{N}$*

$$P(B) = \sum_{k=1}^{n} P(A_k) \cdot P(B \mid A_k)$$

*[Fischer15, S.96].*

**Beweis:** Für die Totale Wahrscheinlichkeit gilt

$$P(B) = P(B \cap \Omega)$$

$$= P(B \cap (\bigcup_{k=1}^{n} A_k))$$

$$= P(\bigcup_{k=1}^{n} (B \cap A_k))$$

Aus (K3) folgt somit

$$= \sum_{k=1}^{n} P(B \cap A_k)$$

$$= \sum_{k=1}^{n} P(A_k) \cdot \frac{P(B \cap A_k)}{P(A_k)}$$

$$= \sum_{k=1}^{n} P(A_k) \cdot P(B \mid A_k).$$

Erkennbar ist, dass die totale Wahrscheinlichkeit sich bei einer Partition aus der bedingten Wahrscheinlichkeit berechnen lässt.

□

**Satz 2.2.7 Satz von Bayes**
*Für den Fall, dass neben den Bedingungen der totalen Wahrscheinlichkeit auch* $P(B) > 0$ *ist, so gilt zusätzlich für jedes* $n, l \in \mathbb{N}$

$$P(A_l \mid B) = \frac{P(A_l) \cdot P(B \mid A_l)}{\sum_{k=1}^{n} P(A_k) \cdot P(B \mid A_k)}$$

*[BüchterHenn06, S.219ff.].*

**Beweis:** Nach der Definition 2.2.5 der bedingten Wahrscheinlichkeit und dem Satz 2.2.6 der totalen Wahrscheinlichkeit folgt somit

$$P(A_l \mid B) = \frac{P(A_l \cap B)}{P(B)}.$$

□

# 2.3 Zufallsvariablen

Während man Zufallsexperimente durchführt, werden dabei bestimmte Größen untersucht, die in einem Zusammenhang mit dem jeweiligen Zufallsexperiment stehen. Im Folgenden wird nur der Fall einer diskreten Zufallsvariablen betrachtet.

Man stelle sich ein Würfelspiel vor, indem die Spielenden einen Gewinn oder Verlust haben können. Dabei ist nur der erwartete Gewinn oder Verlust der Spielenden von Interesse, welcher von den Ergebnissen des Zufallsexperiments abhängig ist und als eigene Größe untersucht wird.

**Definition 2.3.1 Zufallsvariable**
Man definiert eine Zufallsvariable $X$ als eine Abbildung $X : \Omega \to \mathbb{R}$ von der Ergebnismenge $\Omega$ in den Zustandsraum $\mathbb{R}$. Spricht man von einer diskreten Zufallsvariable $X$, so werden die Werte $x_j$ mit der Wahrscheinlichkeit $p_j = P(X = x_j) \geq 0$ angenommen.

Für $x_j$ gilt:

$$\sum_{j=1}^{\infty} P(X = x_j) = 1.$$

Eine diskrete Zufallsvariable $X$ kann endlich viele oder abzählbar unendlich viele Werte $x_j$ annehmen [Arens18, S.1431].

**Definition 2.3.2 Erwartungswert**
Sei eine Zufallsvariable $X$ eine Abbildung $X : \Omega \to \mathbb{R}$ auf dem Wahrscheinlichkeitsraum $(\Omega, T, P)$, so spricht man vom Erwartungswert $X$, wenn

- $X$ endlich viele Werte $x_j, ..., x_n$ annimmt

$$E(X) = \sum_{j=1}^{n} x_j \cdot P(X = x_j)$$

- $X$ abzählbar-unendlich viele Werte $x_j$ annimmt und $\sum_{j=1}^{\infty} |x_j| \cdot P(X = x_j)$ konvergiert

$$E(X) = \sum_{j=1}^{\infty} x_j \cdot P(X = x_j)$$

[KüttSau14, S.240f.].

# 2.4 Verteilung

In diesem Abschnitt erfolgt ein Überblick über die Verteilung einer diskreten Zufallsvariable $X$, wobei sich die Definitionen in diesem Unterkapitel auf die Veranstaltung 'Statisitk Stochastik' von [GroStaSto21, S.46f.] beziehen.

**Definition 2.4.1 Verteilung**
Sei die Zufallsvariable $X$ eine Abbildung $X : \Omega \to \mathbb{R}$ von der Ergebnismenge $\Omega$ in den Zustandsraum $\mathbb{R}$, so nennt man die Mengenfunktion $P^X$ mit

$$P^X(B) := P(\{\omega : X(\omega) \in B\}), \quad B \subseteq \mathbb{R}$$

die *Verteilung* von $X$

*Bemerkung* 2.4.2 Verteilung
Hierbei definiert $P(A)$ die Wahrscheinlichkeiten für die Ereignisse $X \in B$, wobei $P$ das Wahrscheinlichkeitsmaß für die Ereignisse und $A = \{\omega : X(\omega) \in B\}$ ein gültiges Ereignis des Zufallsexperiments beschreibt.

**Definition 2.4.3 Verteilungsfunktion**
Sei $F_X : \mathbb{R} \to [0,1]$ für alle $x \in \mathbb{R}$, so gibt man die Verteilungsfunktion der Zufallsvariable $X$ mit $F_X(x) = P(X \leq x)$ an.

**Definition 2.4.4 Wahrscheinlichkeitsfunktion**
Sei $X$ eine diskrete Zufallsvariable, so ist die Wahrscheinlichkeitsfunktion für jedes $x \in \mathbb{R}$

$$f_X(x) = P(X = x) = P^X(\{x\}).$$

Die Wahrscheinlichkeitsfunktion beschreibt eine nichtnegative Funktion im gesamten Bereich der reellen Zahlen $\mathbb{R}$.

- Falls $x$ keine gültige Ausprägung von $X$ ist, gilt

$$f_X(x) = 0.$$

- Falls $J$ eine abzählbare Indexmenge und $x_j$ mit $j \in J$ die gültigen Ausprägungen von $X$ sind, gilt für $B \subseteq \mathbb{R}$

$$\sum_{j \in J} f_X(x_j) = 1 \text{ und}$$
$$P^X(B) = \sum_{x_j \in B, j \in J} f_X(x_j).$$

6

**Definition 2.4.5 Binomialverteilung**
$X$ heißt binomialverteilt mit den Parametern $n$ und $p$ (kurz $X \sim Bin(n,p)$), falls für
$k = 0, 1, ..., n$

$$P(X = k) = \binom{n}{k} \cdot p^k \cdot (1-p)^{n-k}$$

gilt.

**Beispiel 2.4.6 Bernoulli-Experiment**
Führt man Zufallsexperimente durch, die genau zwei Ergebnisse haben, so spricht man von
einem Bernoulli-Experiment. Ein Bernoulli-Experiment welches n-mal unter den selben
Bedingungen durchgeführt wird, nennt man Bernoulli Kette. Bei solchen Zufallsexperimenten kann die Ergebnismenge mit $\Omega = \{$Erfolg, Misserfolg$\}$ und die Wahrscheinlichkeitsverteilung mit $P(\text{Erfolg}) = p$ und $P(\text{Misserfolg}) = q = 1 - p$ anschaulich dargestellt
werden.

Die Zufallsvariable $X$ nimmt demnach die Werte $X = 1$ (Erfolg) und $X = 0$ (Misserfolg)
mit

$$P(X = 1) = p \text{ und } P(X = 0) = 1 - p$$

an.

**Beispiel 2.4.7 Binomialverteilung**
Aus einer Kiste mit 15 Glühbirnen werden zufällig 3 mit zurücklegen ausgewählt, wobei
5 Glühbirnen nicht funktionieren [Fischer15, S.168].

Sei $X$ die Anzahl der defekten Glühbirnen, so gilt mit $n = 3$ und $p = \frac{5}{15} = \frac{1}{3}$

- Für den Fall, dass genau eine der ausgewählten Glühbirnen defekt ist

$$P(X = 1) = \binom{3}{1} \cdot (\frac{1}{3})^1 \cdot (\frac{2}{3})^2$$
$$= 3 \cdot \frac{1}{3} \cdot \frac{4}{9} = \frac{4}{9}.$$

- Für den Fall, dass mindestens eine der ausgewählten Glühbirnen defekt ist

$$P(X \geq 1) = 1 - P(X < 1) = 1 - P(X = 0)$$
$$= 1 - \frac{8}{27} = \frac{19}{27}.$$

7

# 2.5  Markov-Ketten

Neben einstufigen Zufallsexperimenten treten in der Stochastik auch mehrstufige Zufalls-experimente auf. Diese stochastischen Ereignisse beschreibt man als eine Folge von Zu-fallsexperimenten. Hierbei ist zu beachten, dass die Zählvariable als Zeit $n \in \mathbb{N}_0$ und die möglichen angenommenen Werte der Zufallsvariable als Zustände beschrieben werden. So stellt die Zufallsvariable $Z_n$ das Eintreten eines bestimmten Ereignisses zum Zeitpunkt $n$ dar. Die folgenden Definitionen in diesem Unterkapitel basieren auf [Gundel84, S.92f.], falls nicht anders vermerkt.

**Definition 2.5.1 Markov-Kette**
Sei $(Z_n)_{n \geq 0}$ eine Folge in diskreter Zeit und mit Werten im diskreten Zustandraum $\mathbb{S}$ mit $n \geq 0$ und $i_0, ..., i_n, i, j \in \mathbb{S}$, so gilt:

$$P(Z_{n+1} = j \mid Z_0 = i_0, ..., Z_{n-1} = i_{n-1}, Z_n = i) = P(Z_{n+1} = j \mid Z_n = i)$$

*Bemerkung* 2.5.2 zu Definition 2.5.1
Auf der linken Seite steht die Bedingung, dass ein Übergang in den Zustand $j$ erst erfolgt, wenn davor alle anderen Zustände durchlaufen wurden. Zudem besitzt dieser Prozess die Markov-Eigenschaft, welche besagt, dass die bedingte Wahrscheinlichkeit unabhängig von den vorherigen Geschehnissen ist.

**Definition 2.5.3 homogene Markov-Kette**
Sind die Wahrscheinlichkeiten $P(Z_{n+1} = j \mid Z_n = i)$ nicht abhängig von $n \geq 1$, so spricht man von einer homogenen Markov-Kette.

*Bemerkung* 2.5.4 homogene Markov-Kette
In anderen Worten: Man spricht dann von einer homogenen Markov-Kette, wenn die Wahrscheinlichkeit für einen Übergang zwischen zweier Zustände nicht abhängig vom Zeitpunkt des jeweiligen Übergangs ist.

**Definition 2.5.5 Übergangswahrscheinlichkeit**
Man spricht im Falle einer homogenen Markov-Kette von der Übergangswahrschein-lichkeit, wenn die Wahrscheinlichkeit von einem Zustand $i$ in den Zustand $j$ zu gelan-gen gemeint ist. Für diese Wahrscheinlichkeit gilt

$$a_{ij} = P(Z_{n+1} = j \mid Z_n = i).$$

**Definition 2.5.6 Absorbierender Zustand**
Sei $a_{ii} = 1$, so spricht man von einem *absorbierenden Zustand* $i$, da dieser Zustand nach einmaligem Erreichen nicht mehr verlassen werden kann.

**Definition 2.5.7 Absorbierende Markov-Kette**

Ist es möglich von jedem Zustand aus in einen absorbierenden Zustand zu gelangen, so nennt man dies eine *absorbierende Markov-Kette*.

**Definition 2.5.8 Übergangsmatrix**

Die Übergangswahrscheinlichkeiten einer homogenen Markov-Kette werden in einer sogenannten *Übergangsmatrix* $P = [P_{ij}]$ zusammengesetzt. Hierbei ist zu beachten, dass der Index $i$ die Zeilen der Matrix vorgibt und der Index $j$ die Spalten. Des Weiteren gilt, dass jede einzelne Zeilensumme gleich 1 ist. Für alle $j \in \mathbb{S}$ gilt:

$$\sum_{j \in \mathbb{S}} P_{ij} = 1$$

**Beispiel 2.5.9 Übergangsmatrix und Übergangsgraph**

Eine Übergangsmatrix $A$ im Zustandsraum $\mathbb{S} = \{0, 1, 2, 3, 4\}$ könnte wie folgt aussehen

$$A = \begin{bmatrix} 1 & 0 & 0 & 0 & 0 \\ \frac{1}{3} & 0 & \frac{2}{3} & 0 & 0 \\ 0 & \frac{1}{3} & 0 & \frac{2}{3} & 0 \\ 0 & 0 & \frac{1}{3} & 0 & \frac{2}{3} \\ 0 & 0 & 0 & 0 & 1 \end{bmatrix}.$$

Hierbei ist zu erwähnen, dass die Zustände 0 und 4 *absorbierende* Zustände sind, da diese nicht mehr verlassen werden können. Die Übergänge können auch wie folgt in Abbildung 1 mittels Übergangsgraphen veranschaulicht werden.

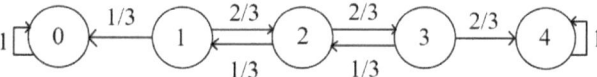

Abbildung 1: Übergangsgraph zu Matrix $A$

**Definition 2.5.10 Startverteilung**
Man definiert $\pi$ als eine Wahrscheinlichkeitsverteilung auf $\mathbb{S}$, d.h. es gilt $\pi : \mathbb{S} \rightarrow [0, 1]$
mit $\sum_{i \in \mathbb{S}} \pi(i) = 1$. Des Weiteren gilt

$$P(Z_0 = i) = \pi(i), \quad i \in \mathbb{S}, \tag{1}$$

um $\pi$ eine *Startverteilung* der Markov-Kette nennen zu können. Falls (1) und $\pi_i := \pi(i)$
gilt, so ergibt sich mit Hilfe des Satzes der totalen Wahrscheinlichkeit

$$P(Z_1 = j) = \sum_{i \in \mathbb{S}} P(Z_1 = j \mid Z_0 = i)P(Z_0 = i) = \sum_{i \in \mathbb{S}} P_{ij}\pi_i, \quad j \in \mathbb{S}.$$

Sei $\pi$ der Zeilenvektor, bei dem die Elemente $\pi_i$ mit den Werten aus $\mathbb{S}$ angezeigt
werden, so beschreibt $P(Z_1 = j)$ das $j$-te Element des Zeilenvektors

$$\vec{v}_1 = \pi P.$$

Der Zeilenvektor $\vec{v}_1$ definiert die Wahrscheinlichkeitsverteilung zu Beginn der Kette
[GroStoPro21, S.58].

Um dieses Kapitel abzurunden und zu veranschaulichen, wird im Folgenden ein Beispiel
von [GroßJobst21] übernommen.

**Beispiel 2.5.11 Homogene Markov-Kette**
Gegeben sei eine homogene Markov-Kette $Z_n$ mit $n \in \mathbb{N}_0$, Zustandsraum $\mathbb{S} = \{1, 2, 3\}$,
Startverteilung $\pi$ mit $\pi(1) = \pi(2) = \frac{1}{2}$ und Übergangsmatrix

$$P = \begin{bmatrix} 0.2 & 0.3 & 0.5 \\ 0.4 & 0.4 & 0.2 \\ 0.1 & 0.7 & 0.2 \end{bmatrix}.$$

Zu bestimmen ist die Wahrscheinlichkeit $P(Z_0 = 1, Z_1 = 3, Z_2 = 2, Z_3 = 3)$.

*Lösung*: Nach der Definition 2.2.5 der bedingten Wahrscheinlichkeit sowie der Markov-
Eigenschaft aus Bemerkung 2.5.2 gilt

$$P(Z_0 = 1, Z_1 = 3, Z_2 = 2, Z_3 = 3)$$
$$= P(Z_3 = 3 \mid Z_2 = 2, Z_1 = 3, Z_0 = 1) \cdot P(Z_2 = 2, Z_1 = 3, Z_0 = 1)$$
$$= P(Z_3 = 3 \mid Z_2 = 2) \cdot P(Z_2 = 2 \mid Z_1 = 3, Z_0 = 1) \cdot P(Z_1 = 3, Z_0 = 1)$$
$$= P(Z_3 = 3 \mid Z_2 = 2) \cdot P(Z_2 = 2 \mid Z_1 = 3) \cdot P(Z_1 = 3 \mid Z_0 = 1) \cdot P(Z_0 = 1)$$
$$= 0.2 \cdot 0.7 \cdot 0.5 \cdot \pi(1)$$
$$= 0.2 \cdot 0.7 \cdot 0.5 \cdot 0.5 = 0.035$$

# 3 Run Wahrscheinlichkeit

In diesem Abschnitt wird die Run Wahrscheinlichkeit näher betrachtet, wobei die Problemstellung der Arbeit vorgestellt und der sogenannte Run definiert wird. Anschließend wird der Lösungsvorschlag von Motzer aus dem Jahre 2010 erläutert. Des Weiteren erfolgt eine weitere Lösungsmethode durch Visualisierung für $k$-Runs der Länge 6. Bevor die Problemstellung verallgemeinert dargestellt und erläutert wird, wird die Verteilung von $k$-Runs der Länge 6 betrachtet.

## 3.1 Definition und Problemstellung

**Definition 3.1.1 Run**
Bei Betrachtung eines $n$-fachen Würfelwurfs mit einem 6-seitigen Würfel spricht man von einem Run der Länge $k \leq n$, wenn $k$-mal unmittelbar hintereinander die gleiche Würfelzahl auftritt.

Sei die Ergebnismenge $\Omega = \{1, ..., 6\}^k$, so gilt

$$(..., \underbrace{i, ..., i}_{k-mal}, ...) \in \Omega = \{1, ..., 6\}^k \text{ für } i \in \{1, ..., 6\}.$$

Für einige Menschen ist es kaum zu glauben, dass es möglich ist, eine Serie von gleichen Würfelzahlen zu würfeln. Doch die vorliegende Arbeit beschäftigt sich genau mit dieser Problemstellung. Im Folgenden wird bewiesen, dass es tatsächlich möglich ist, dass Folgen von gleichen Ereignissen vorkommen. So wird die Wahrscheinlichkeit für $k$-Runs der Länge $\lambda = 6$ beim n-maligen Würfeln mittels Markov-Ketten untersucht.

## 3.2 Lösungsvorschlag von Motzer (2010)

Motzer hatte einen sehr begabten Schüler in ihrer Klasse, der vieles hinterfragte. In der von Motzer vorgestellten Excel-Liste von 100 Würfelsimulationen waren eine Serie von 4 gleichen Ereignissen sichtbar, welches den begabten Schüler an dem Zufallsgenerator zweifeln lies. Infolgedessen beschäftigte sich Motzer im Kollegium mit der Fragestellung des Schülers, wie wahrscheinlich es ist, bei einem 'echten' Laplace-Würfel eine Serie von 4 gleichen Ereignissen zu erzielen [Motzer10].

Nach zahlreichen Lösungsvorschlägen führten zwei verschiedene Lösungswege zum selben Ergebnis. Hierbei wurde deutlich, dass beide Lösungsvorschläge rekursiv betrachtet worden sind.

Festzustellen ist, dass eine Serie von 4 gleichen Ereignissen erst ab 4 Würfen möglich ist.

11

Sei $w$ die Wahrscheinlichkeit für einen Run der Länge 4 bei $n$ Würfen, so gilt bei der Betrachtung verschiedener Fälle für $n$:

$$w(1) = w(2) = w(3) = 0.$$

Bei 4 Würfen also $n = 4$ ist es egal, welche Zahl als erstes gewürfelt wird. Hierbei ist nur wichtig, dass die darauf folgenden 3 Zahlen gleich sein müssen. Somit gilt:

$$w(4) = (\frac{1}{6})^3.$$

Bei $n = 5$ besteht die Möglichkeit, dass entweder die ersten 4 Würfe bereits gleich sind $((\frac{1}{6})^3)$, oder der 2. Wurf unterscheidet sich vom ersten Wurf $(\frac{5}{6})$. Hierbei ist es egal, was der 2. Wurf aufzeigt, wichtig ist nur, dass die darauf folgenden 3 Zahlen gleich sein müssen $((\frac{1}{6})^3)$. Somit gilt:

$$w(5) = (\frac{1}{6})^3 + \frac{5}{6} \cdot (\frac{1}{6})^3.$$

Bei $n = 8$ gilt: Für den Fall, dass ausgeschlossen werden muss, dass die 4 gleichen Zahlen die ersten 4 Würfe sind und dass die Serie erst ab dem 5. Wurf beginnt, aber die 5. Zahl sich von der 4. Zahl unterscheidet $(\frac{5}{6})$, gilt:

$$w(8) = w(7) + (1 - w(4)) \cdot \frac{5}{6} \cdot (\frac{1}{6})^3.$$

Motzer fasst die obigen Beispiele zu einer allgemeinen Formel zusammen. Hierbei stellt sie fest, dass bei beliebig vielen Würfen $n$ die 4er-Serie bei entweder $n - 1$ Würfen vorkommen kann ($w(n - 1)$), oder die 4er-Serie die letzten 4 Würfe sind. Für den Fall, dass die 4er-Serie die letzten 4 Zahlen sind, muss ausgeschlossen werden, dass für die $n - 4$ Zahlen keine 4er-Serie am Anfang vorkommt ($1 - w(n - 4)$). Dabei muss der $(n - 3)$-te Wurf sich von seinem Vorgänger unterscheiden $(\frac{5}{6})$ und eine Folge für die nächsten 3 Zahlen bilden $((\frac{1}{6})^3)$. Somit stellt Motzer folgende Formel auf:

$$w(n) = w(n - 1) + (1 - w(n - 4)) \cdot \frac{5}{6} \cdot (\frac{1}{6})^3$$

# 3.3 Lösungsmethode durch Visualisierung für $k$-Runs der Länge 6

In Anlehnung an den Lösungsvorschlag von Motzer werden in diesem Abschnitt einige Beispiele näher untersucht. Hierzu wird eine neue Lösungsmethode durch Visualisierung basierend auf [Riehl11] erarbeitet und dargestellt, insbesondere mit Hilfe von Markov-Ketten.

**Beispiel 3.3.1 Run von mindestens 6**
Wie wahrscheinlich ist es, dass bei einer Würfelserie der Länge $n = 100$ ein Run von mindestens 6, also eine Serie von mindestens 6 gleichen Würfelzahlen, auftritt?

Lösung:

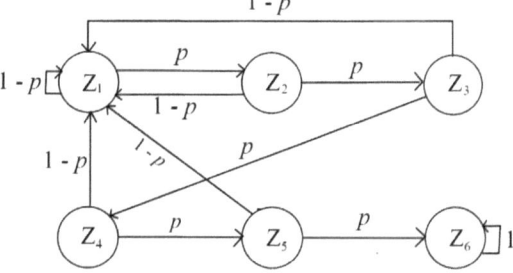

Abbildung 2: Übergangsgraph bei einem Run von mindestens 6

Der erste Würfelwurf setzt die Augenzahl für einen möglichen Run fest, wobei man im *Zustand* $Z_1$ ist. Wird ein zweites Mal gewürfelt, können zwei Fälle auftauchen. Entweder wird die gleiche Zahl erneut mit der Wahrscheinlichkeit $p = \frac{1}{6}$ gewürfelt, oder die Augenzahl ändert sich mit der Wahrscheinlichkeit $1 - p = \frac{5}{6}$. Für den Fall, dass dieselbe Zahl vorkommt, wird der *Zustand* $Z_2$ erreicht. Im Gegenteil rückt man zurück in den *Zustand* $Z_1$, da der Run unterbrochen wird. Grundsätzlich gilt, sobald der Run durch das Würfeln einer anderen Zahl vor der gewünschten Länge unterbrochen wird, geht es zurück in den *Zustand* $Z_1$. Taucht jedoch mindestens 6-mal die gleiche Augenzahl auf, so ist der *Zustand* $Z_6$ der letzte Zustand, der erreicht werden kann. Allerdings ist es uninteressant, was folglich gewürfelt wird, da $Z_6$ ein *absorbierender Zustand* ist und nicht verlassen werden kann.

Die zugehörige Übergangsmatrix hierfür ist

$$
R_{\geq 6} = \begin{bmatrix} 1-p & p & 0 & 0 & 0 & 0 \\ 1-p & 0 & p & 0 & 0 & 0 \\ 1-p & 0 & 0 & p & 0 & 0 \\ 1-p & 0 & 0 & 0 & p & 0 \\ 1-p & 0 & 0 & 0 & 0 & p \\ 0 & 0 & 0 & 0 & 0 & 1 \end{bmatrix} = \begin{bmatrix} \frac{5}{6} & \frac{1}{6} & 0 & 0 & 0 & 0 \\ \frac{5}{6} & 0 & \frac{1}{6} & 0 & 0 & 0 \\ \frac{5}{6} & 0 & 0 & \frac{1}{6} & 0 & 0 \\ \frac{5}{6} & 0 & 0 & 0 & \frac{1}{6} & 0 \\ \frac{5}{6} & 0 & 0 & 0 & 0 & \frac{1}{6} \\ 0 & 0 & 0 & 0 & 0 & 1 \end{bmatrix}.
$$

13

Des Weiteren wird $v_{n;Z_k}$ als die Wahrscheinlichkeit definiert, sich nach $n$ Würfelwürfen im Zustand $Z_k$ zu befinden. Demnach bildet $v_{n;Z_k}$ für jedes $n$ den Zustandvektor

$$\vec{v}_n = (v_{n;Z_1}, v_{n;Z_2}, v_{n;Z_3}, v_{n;Z_4}, v_{n;Z_5}, v_{n;Z_6})$$

Für das obige Beispiel gilt:
$$\vec{v_1} = (1, 0, 0, 0, 0, 0)$$

Rekursiv folgt für $\vec{v}_{n+1}$:

Mit Hilfe des Übergangsgraphen wird deutlich, dass man nach beliebig vielen Würfen nur in den Zustand $Z_1$ gelangt, wenn sich die Augenzahl verändert. Des Weiteren ist erkennbar, dass die Markov-Kette im Startzustand $Z_1$ beginnt. So ergibt sich die Zustandswahrscheinlichkeit für $v_{n+1;Z_1}$ als die Summe der Produkte der Rückkehrwahrscheinlichkeit $1 - p$ mit der Wahrscheinlichkeit sich nach $n$ Würfen in Zustand $Z_k$ zu befinden. So gilt für die Wahrscheinlichkeit $v_{n+1;Z_1}$:

$$v_{n+1;Z_1} = (1 - p) \cdot v_{n;Z_1} + (1 - p) \cdot v_{n;Z_2} + (1 - p) \cdot v_{n;Z_3} + (1 - p) \cdot v_{n;Z_4} + (1 - p) \cdot v_{n;Z_5}$$

Analog ergibt sich für die Wahrscheinlichkeiten sich nach dem $n + 1$-ten Wurf im Zustand $Z_k$ zu befinden folgende Formeln:

$$v_{n+1;Z_2} = p \cdot v_{n;Z_1};$$

$$v_{n+1;Z_3} = p \cdot v_{n;Z_2};$$

$$v_{n+1;Z_4} = p \cdot v_{n;Z_3};$$

$$v_{n+1;Z_5} = p \cdot v_{n;Z_4};$$

Schließlich ergibt sich aufgrund des absorbierenden Zustands in $Z_6$ für die Zustandswahrscheinlichkeit $v_{n+1;Z_6}$ folgende Formel:

$$v_{n+1;Z_6} = p \cdot v_{n;Z_5} + v_{n;Z_6}$$

Um einen besseren Überblick über diese Rekursionsformeln und deren Anwendung zu bekommen, werden die ausgewählten Zustandsvekoren in Tabelle 1 aufgeführt. Allerdings ist zu erwähnen, dass diese Tabelle nur Würfelserien der Länge 6 beachtet und die Würfe nach Eintritt eines solchen Runs ausschließt und somit nicht klarstellt, ob weitere und längere Runs existieren. Demnach wird deutlich, dass die Wahrscheinlichkeit nach 100 Würfen einen Run der Länge 6 zu erzielen $v_{100;Z_6} \approx 0,01$ beträgt.

| $n$ | $v_{n;z1}$ | $v_{n;z2}$ | $v_{n;z3}$ | $v_{n;z4}$ | $v_{n;z5}$ | $v_{n;z6}$ |
|---|---|---|---|---|---|---|
| 1 | 1 | 0 | 0 | 0 | 0 | 0 |
| 2 | 0,8333 | 0,1667 | 0 | 0 | 0 | 0 |
| 3 | 0,8333 | 0,1389 | 0,0278 | 0 | 0 | 0 |
| 4 | 0,8333 | 0,1389 | 0,0231 | 0,0046 | 0 | 0 |
| 5 | 0,8333 | 0,1389 | 0,0231 | 0,0039 | 0,0008 | 0 |
| 10 | 0,8330 | 0,1388 | 0,0231 | 0,0039 | 0,0006 | 0,0006 |
| 25 | 0,8316 | 0,1386 | 0,0231 | 0,0039 | 0,0006 | 0,0022 |
| 50 | 0,8294 | 0,1382 | 0,0230 | 0,0038 | 0,0006 | 0,0048 |
| 75 | 0,8272 | 0,1379 | 0,0230 | 0,0038 | 0,0006 | 0,0075 |
| 100 | 0,8250 | 0,1375 | 0,0229 | 0,0038 | 0,0006 | 0,0102 |

Tabelle 1: Zustandswahrscheinlichkeiten bei einem Run von mindestens 6

**Beispiel 3.3.2 Run mit genau der Länge 6**
Wie wahrscheinlich ist es nun einen Run mit genau der Länge 6 zu erreichen?

Lösung:

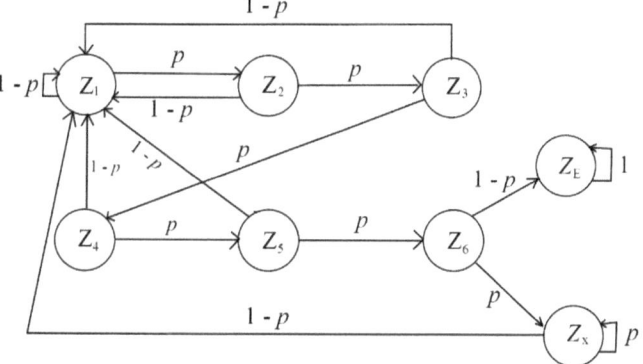

Abbildung 3: Übergangsgraph bei einem Run mit genau der Länge 6

Der Unterschied zum Beispiel 3.3.1 liegt darin, dass der *Zustand* $Z_6$ nun ein Durchgangszustand und kein absorbierender Zustand mehr ist. Wird nach einem 6-er Run nun wieder

15

dieselbe Zahl gewürfelt, so gelangt man in den *Zustand* $Z_x$ und es entsteht eine längere Würfelserie. Würfelt man im *Zustand* $Z_x$ allerdings eine andere Zahl, so beginnt der Aufbau der Serie erneut bei $Z_1$. Wechselt sich die Augenzahl jedoch nach dem 6. Wurf, erreicht man den Endzustand $Z_E$, der ein absorbierender Zustand ist und somit nicht verlassen werden kann.

$$
R_6 = \begin{bmatrix}
1-p & p & 0 & 0 & 0 & 0 & 0 & 0 \\
1-p & 0 & p & 0 & 0 & 0 & 0 & 0 \\
1-p & 0 & 0 & p & 0 & 0 & 0 & 0 \\
1-p & 0 & 0 & 0 & p & 0 & 0 & 0 \\
1-p & 0 & 0 & 0 & 0 & p & 0 & 0 \\
0 & 0 & 0 & 0 & 0 & 0 & p & 1-p \\
1-p & 0 & 0 & 0 & 0 & 0 & p & 0 \\
0 & 0 & 0 & 0 & 0 & 0 & 0 & 1
\end{bmatrix}
=
\begin{bmatrix}
\frac{5}{6} & \frac{1}{6} & 0 & 0 & 0 & 0 & 0 & 0 \\
\frac{5}{6} & 0 & \frac{1}{6} & 0 & 0 & 0 & 0 & 0 \\
\frac{5}{6} & 0 & 0 & \frac{1}{6} & 0 & 0 & 0 & 0 \\
\frac{5}{6} & 0 & 0 & 0 & \frac{1}{6} & 0 & 0 & 0 \\
\frac{5}{6} & 0 & 0 & 0 & 0 & \frac{1}{6} & 0 & 0 \\
0 & 0 & 0 & 0 & 0 & 0 & \frac{1}{6} & \frac{5}{6} \\
\frac{5}{6} & 0 & 0 & 0 & 0 & 0 & \frac{1}{6} & 0 \\
0 & 0 & 0 & 0 & 0 & 0 & 0 & 1
\end{bmatrix}
$$

Für die Startverteilung gilt weiterhin:

$$\vec{v_1} = (1, 0, 0, 0, 0, 0)$$

Für die angepassten Rekursionsformeln gilt:

*Bemerkung 3.3.3 Rekursionsformeln*
Für die Zustandswahrscheinlichkeiten von $v_{n+1;Z_1}$ bis $v_{n+1;Z_5}$ gelten die Begründungen aus Beispiel 3.3.1.

$$v_{n+1;Z_1} = (1-p) \cdot (v_{n;Z_1} + v_{n;Z_2} + v_{n;Z_3} + v_{n;Z_4} + v_{n;Z_5} + v_{n;Z_x});$$

$$v_{n+1;Z_2} = p \cdot v_{n;Z_1};$$

$$v_{n+1;Z_3} = p \cdot v_{n;Z_2};$$

$$v_{n+1;Z_4} = p \cdot v_{n;Z_3};$$

$$v_{n+1;Z_5} = p \cdot v_{n;Z_4};$$

Da der Zustand $Z_6$ nun ein Durchgangszustand und kein absorbierender Zustand mehr ist, gilt für die Zustandswahrscheinlichkeit $v_{n+1;Z_6}$ folgende Formel:

$$v_{n+1;Z_6} = p \cdot v_{n;Z_5}$$

Des Weiteren gilt für einen längeren Run und somit die Zustandswahrscheinlichkeit sich in $Z_x$ zu befinden

$$v_{n+1;Z_x} = p \cdot (v_{n;Z_6} + v_{n;Z_x}).$$

Abschließend hierzu ergibt sich für den Run der genauen Länge 6 und somit die Zustandswahrscheinlichkeit im Endzustand $Z_E$ zu sein

$$v_{n+1;Z_E} = (1-p) \cdot v_{n;Z_6} + v_{n;Z_E}.$$

In Tabelle 2 werden die mit Hilfe der Rekursionsformeln berechneten Wahrscheinlichkeiten dargestellt. Für die vereinfachte Darstellung der Daten wurden die Zahlen auf 6 Nachkommastellen aufgerundet. Hierbei wird deutlich, dass die Wahrscheinlichkeit bei 100 Würfelwürfen einen Run der genauen Länge 6 zu erreichen weitaus geringer ist, als im Beispiel 3.3.1.

| $n$ | $v_{n;z1}$ | $v_{n;z2}$ | $v_{n;z3}$ | $v_{n;z4}$ | $v_{n;z5}$ | $v_{n;z6}$ | $v_{n;zx}$ | $v_{n;zE}$ |
|---|---|---|---|---|---|---|---|---|
| 1 | 1 | 0 | 0 | 0 | 0 | 0 | 0 | 0 |
| 2 | 0,833333 | 0,166667 | 0 | 0 | 0 | 0 | 0 | 0 |
| 3 | 0,833333 | 0,138889 | 0,027778 | 0 | 0 | 0 | 0 | 0 |
| 4 | 0,833333 | 0,138889 | 0,023148 | 0,004630 | 0 | 0 | 0 | 0 |
| 5 | 0,833333 | 0,138889 | 0,023148 | 0,003858 | 0,000772 | 0 | 0 | 0 |
| 10 | 0,833006 | 0,138847 | 0,023143 | 0,003858 | 0,000643 | 0,000107 | 0,000021 | 0,000375 |
| 25 | 0,831890 | 0,138661 | 0,023112 | 0,003852 | 0,000642 | 0,000107 | 0,000021 | 0,001714 |
| 50 | 0,830034 | 0,138351 | 0,023061 | 0,003844 | 0,000641 | 0,000107 | 0,000021 | 0,003941 |
| 75 | 0,828182 | 0,138043 | 0,023009 | 0,003835 | 0,000639 | 0,000107 | 0,000021 | 0,006164 |
| 100 | 0,826334 | 0,137735 | 0,022958 | 0,003827 | 0,000638 | 0,000106 | 0,000021 | 0,008381 |

Tabelle 2: Zustandswahrscheinlichkeiten bei einem Run mit genau der Länge 6

# 3.4 Verteilung von *k*-Runs der Länge 6

Der folgende Abschnitt beschäftigt sich mit der Frage der Verteilung der Zufallsgröße $Y$. So stellt sich die Frage, wie wahrscheinlich es ist, dass beim n-maligen Würfeln $k$-Runs der genauen Länge $\lambda = 6$ erreicht werden können. Hierbei ist die Verteilung der Zufallsgröße $Y_{n;\lambda}$ gesucht, die definiert wird als die Anzahl der $k$-Runs beim n-maligen Würfeln mit $k = 0, 1, 2, ...$. Für die Beispiele 3.3.1 und 3.3.2 ist die Verteilung der Zufallsgröße $Y_{100;6}$ gesucht.

Um die Verteilung der Zufallsgröße zu bestimmen, wird zur Veranschaulichung der zugehörige Übergangsgraph verallgemeinert dargestellt und erläutert.

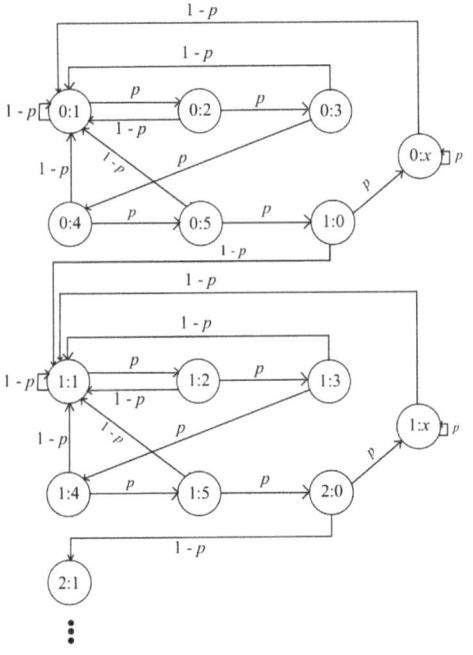

Abbildung 4: Übergangsgraph zu *k*-Runs der Länge 6

Die Angabe $k; a$, also $0; 1, 0; 2, ..., 1; 0, 0; x...$, in Abbildung 4 beschreibt die Situation, dass bis zu diesem Zeitpunkt $k$-Runs der Länge 6 aufgetreten sind und der neue Run die Länge $a$ hat. Des Weiteren wird deutlich, dass es keinen absorbierenden Zustand mehr gibt, da man entweder einen längeren Run erreicht oder in den Durchgangszustand kommt, in dem ein neuer Run beginnt.

Die Rekursionsformeln aus Beispiel 3.3.2 lassen sich analog für die einzelnen Zustands-wahrscheinlichkeiten übernehmen. Aus der Definition 2.4.4 der Wahrscheinlichkeitsfunkti-on lässt sich die Formel für die Berechnung der Wahrscheinlichkeitsverteilung der $k$-Runs beim 100-maligen Würfeln der Länge 6 wie folgt ableiten:

$$f_{Y_{100;6}}(k) = P(Y_{100;6} = k) = \sum_{k \in \mathbb{N}_0} f_{Y_{100;6}}(k)$$

In diesem Zusammenhang sind die Werte für die Verteilung von $Y_{100;6}$ für bis zu $k = 5$ Runs aus Tabelle 3 zu entnehmen.

| $k$ | 0 | 1 | 2 | 3 | 4 | 5 |
|---|---|---|---|---|---|---|
| $P(Y_{100;6} = k)$ | 0,9916 | 0,0084 | $3,14 \cdot 10^{-5}$ | $6,94 \cdot 10^{-8}$ | $1 \cdot 10^{-10}$ | $9,87 \cdot 10^{-14}$ |

Tabelle 3: Verteilungen von $Y_{100;6}$ für mögliche $k$-Runs

Des Weiteren lässt sich $P(Y_{100;6} \geq 6)$ wie folgt berechnen:

$$P(Y_{100;6} \geq 6) = 1 - P(Y_{100;6} < 6)$$
$$= 1 - \sum_{k \in \mathbb{N}} P(Y_{100;6} = k)$$
$$= 2,50 \cdot 10^{-17}$$

Mit Hilfe der Werte aus Tabelle 3 und der Definition 2.3.2 lässt sich nun auch der Erwar-tungswert berechnen. So gilt für $E(Y_{100;6})$

$$E(Y_{100;6}) \approx 0,0084.$$

## 3.5 Verallgemeinerung des Problems

Auf der Grundlage der aufgeführten Beispiele beschäftigt sich die Arbeit im Folgenden mit der Verallgemeinerung der Problemstellung. So wird der Run im weiteren Verlauf der Arbeit als eine Folge von Treffern bei einem Bernoulli-Experiment betrachtet. Die in Abschnitt 3.4 beschriebene Zufallsgröße $Y$ wird in diesem Abschnitt in die Zufallsgröße $X$ umbenannt.

So beschäftigt sich dieses Kapitel mit der Frage, wie die Wahrscheinlichkeit für $k$-Runs der Länge 6, also $P(X_{100;6} = k)$ allgemein von $p$ abhängt. Dabei ist zu erwähnen, dass $p$ nicht nur Werte eines Stammbruchs, also $\frac{1}{n}$ annimmt, sondern beliebige Werte annehmen kann.

Zur Veranschaulichung dient der folgende Übergangsgraph in Abbildung 5. Hierbei ist zu erwähnen, dass die Erklärung für die Beschriftungen im Übergangsgraphen aus Abbildung 4 zu entnehmen sind.

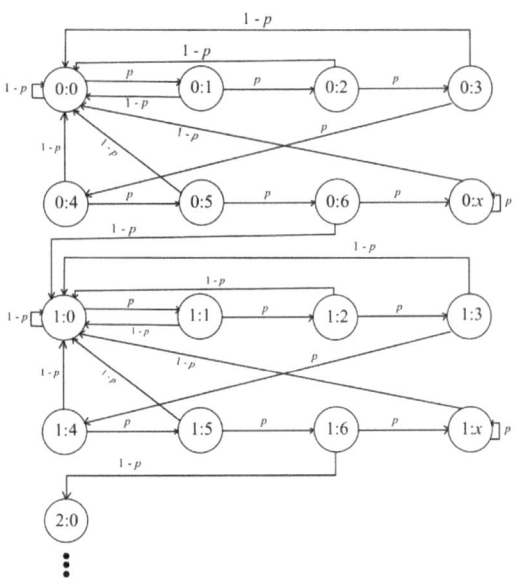

Abbildung 5: Übergangsgraph für Runs eines Einzelausfalls

Um die Wahrscheinlichkeit $P(X_{100;6} = k)$ in Abhängigkeit von $p$ berechnen zu können, wird auf die Wahrscheinlichkeitsfunktion aus Abschnitt 3.4 zurückgegriffen, die wie folgt abzuändern ist

$$f_k : \quad p \to f_k(p) = P(X_{100;6} = k).$$

Des Weiteren stellt die Abbildung 6 die Wahrscheinlichkeit für $k$-Runs einer bestimmten Augenzahl der Länge 6 mit $k \in \{0, 1, 2\}$ in Abhängigkeit von $p$ dar.

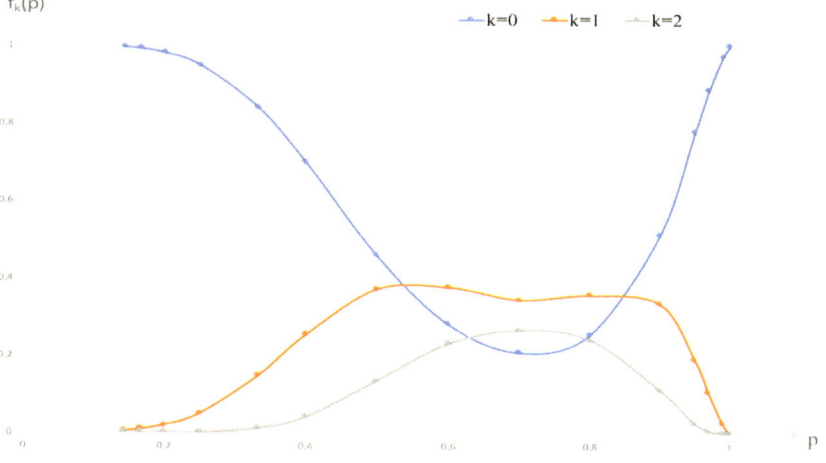

Abbildung 6: Wahrscheinlichkeit für $k$ Runs der Länge 6 in Abhängigkeit von $p$

Für $p = \frac{1}{6}$ gilt:

$$f_0(\frac{1}{6}) = P(X_{100;6} = 0) \approx 0,992$$

$$f_1(\frac{1}{6}) = P(X_{100;6} = 1) \approx 0,008$$

$$f_2(\frac{1}{6}) = P(X_{100;6} = 2) \approx 0,00003$$

Anhand der Grafik wird im Allgemeinen deutlich, je kleiner $p$ oder je näher $p$ an der 1 gewählt wird, desto geringer ist die Wahrscheinlichkeit für genau 6 Treffer in Folge. Allerdings ist erkennbar, dass die Wahrscheinlichkeit für genau 6 Treffer in Folge im mittleren Bereich der Graphen am höchsten ist.

# 4  Fazit

Das Ziel dieser Bachelorarbeit war es, die Run Wahrscheinlichkeit mittels Markov-Ketten zu berechnen. Demnach ging die Arbeit der Frage nach, wie wahrscheinlich es ist, dass ein Spieler mehrmals hintereinander die selbe Zahl würfelt und somit eine bestimmte Zahlenreihe, also einen Run, aufstellt. Zur Beantwortung wurden nach einem kurzen Einblick in die notwendigen Grundlagen der Stochastik verschiedene Beispiele, Lösungsvorschläge und Lösungsmethoden untersucht und veranschaulicht.

An erster Stelle ist anhand der verschiedenen Lösungsmethoden zu erwähnen, dass die Run Wahrscheinlichkeit wesentlich unkomplizierter mithilfe von Markov-Ketten berechnet werden kann, als Motzer dies im Jahre 2010 beschreibt.

Im Bezug auf die Forschungsfrage kann keine eindeutige Antwort gegeben werden. Einerseits besteht eine Abhängigkeit in der Länge des Runs, denn es wurde deutlich, dass die Wahrscheinlichkeit für einen Run von mindestens der Länge 6 deutlich größer ist, als die Wahrscheinlichkeit für einen Run der genauen Länge 6 bei 100 Würfen. Der Grund hierfür ist, dass bei der Betrachtung der Wahrscheinlichkeit für mindestens einen Run der Länge 6 alle Würfe nach Eintritt der 6-er Serie nicht berücksichtigt werden, wodurch das Eintreten eines längeren Runs nicht ausgeschlossen werden kann. Andererseits korreliert der Faktor der Wahrscheinlichkeit $p$ mit der Anzahl der Runs, die erzielt werden sollen. Festgestellt wurde dies bei der Betrachtung der Verteilung der Zufallsgröße, denn je mehr Runs der Länge 6 erzielt werden sollen, desto kleiner ist die Wahrscheinlichkeit hierfür. Im Allgemeinen wurde deutlich, dass je kleiner $p$ oder je näher $p$ an der 1 gewählt wird, desto kleiner die Wahrscheinlichkeit für genau 6 Treffer in Folge ist. Deutlich ist jedoch, dass die Run Wahrscheinlichkeit bei mittleren Werten von $p$ am höchsten ist. Insgesamt zeigt sich, dass die Run Wahrscheinlichkeit abhängig von $p$ ist.

Abschließend ist zu erwähnen, dass die vorliegende Arbeit als eine Grundlage zur Berechnung der Run Wahrscheinlichkeit genutzt werden kann, da die vorgestellten Formeln durch einfache Umformungen an die gewünschte Runlänge $\lambda$ angepasst werden können.

# Literaturverzeichnis

[Arens18] Arens, T., & Hettlich, F., & Karpfinger, C., & Kockelkorn, U., & Lichtenegger, K., & Stachel, H. (2018). *Mathematik.* 4. Auflage. Heidelberg: Springer Spektrum.

[BüchterHenn06] Büchter, A., & Henn, H.-W. (2006). *Elementare Stochastik. Eine Einführung in die Mathematik der Daten und des Zufalls.* 2. überarbeitete und erweiterte Auflage. Dortmund: Springer Berlin Heidelberg New York.

[Fischer15] Fischer, G., & Lehner, M., & Puchert, A. (2015). *Einführung in die Stochastik. Die grundlegenden Fakten mit zahlreichen Erläuterungen, Beispielen und Übungsaufgaben.* In: Reiss, K., & Sonar, T., & Weigand, H.-G. (Hg.): *Mathematik für das Lehramt.* 2. neu überarbeitete Auflage. München: Springer Spektrum.

[GroStaSto21] Groß, J.(2021). *Skript-Entwurf zur Vorlesung Statistik und Stochastik.* Sommersemester 2021. Hildesheim: Universität Hildesheim.

[GroStoPro21] Groß, J.(2021). *Skript-Entwurf zur Vorlesung Stochastische Prozesse.* Sommersemester 2021. Hildesheim: Universität Hildesheim.

[GroßJobst21] Groß, J., & Jobst, D. (2021) *Stochastische Prozesse. Blatt 8.* Sommersemester 2021. Hildesheim: Universität Hildesheim.

[Gundel84] Gundel, H., & Schupp, P., & Schweizer, U. (1984). *Mathematik. Wahrscheinlichkeitsrechnung und Statistik unter Einbeziehung von elektronischen Rechnern. SR3: Zentraler Grenzwertsatz, Markow-Ketten und Warteschlangen* Tübingen: Beltz Verlag, Weinheim und Basel.

[Heller78] Heller, W.-D., & Lindenberg, H., & Nuske, M., & Schriever, K.-H. (1978). *Stochastische Systeme. Markoffketten. Stochastische Prozesse. Warteschlangen.* 1. Auflage. Berlin, New York: Walter de Gruyter.

[KüttSau14] Kütting, H., & Sauer, M.J. (2014). *Elementare Stochastik. Mathematische Grundlagen und didaktische Konzepte.* In: *Mathematik Primarstufe und Sekundarstufe I + II.* 3. Auflage. Münster: Springer Spektrum.

[Lehmann73] Lehmann, E. (1973). *Endliche homogene Markoffsche Ketten. Eine Anwendung von Wahrscheinlichkeits- und Matrizenrechnung.* München: Bayerischer Schulbuch-Verlag.

[Motzer10] Motzer, R., (2010). *Serien von gleichen Würfelzahlen* In: Stochastik in der Schule. Band 30. S.35-36. Augsburg.

[Riehl11] Riehl, G. (2011). *Warten auf einen Run - und was kommt dann?* In: Stochastik in der Schule. Band 31. S.16-21. Barsinghausen.

# BEI GRIN MACHT SICH IHR WISSEN BEZAHLT

- Wir veröffentlichen Ihre Hausarbeit, Bachelor- und Masterarbeit

- Ihr eigenes eBook und Buch - weltweit in allen wichtigen Shops

- Verdienen Sie an jedem Verkauf

## Jetzt bei www.GRIN.com hochladen und kostenlos publizieren